思想家

UNREAD

日本NHK公开课

The Last Lecture

最后的讲义

女孩一生中最需要知道的事

西原理惠子

[日] 西原理惠子 —— 著 郭佳琪 —— 译

如果今天是你人生中的最后一天，
你会传达些什么？

海峡出版发行集团 | 海峡书局

"在人生的最后一天,你会讲述什么?"

本书为日本国家电视台NHK的人气节目《最后的讲义》的完整记录。

集结了站在各个行业最前沿的专业人士,让他们带着一个问题——"在人生的最后一天,你会讲述什么?"给学生上一堂课。

让我们一同体会各界顶尖人物本着"最后一天"的觉悟,所带来的"最后一课"。

目录

前言　不必与困难正面对峙　　　　　　　　　　　　　1

第一章　我是个骗子
没有了自尊心，所以成了漫画家　　　　　　　　　　7
人的生命并不平等　　　　　　　　　　　　　　　　14
一生至少要认真学习一次　　　　　　　　　　　　　20

第二章　我失去的只有腰
如何防止自我价值下跌　　　　　　　　　　　　　　31
认清自己看人的眼光　　　　　　　　　　　　　　　35
无论怎样都要坚持工作　　　　　　　　　　　　　　41

第三章　还是做女人更快乐
亲情并不能治病　　　　　　　　　　　　　　　　　49
能让丈夫体面地死去真好　　　　　　　　　　　　　56
别将自己的人生交给他人　　　　　　　　　　　　　59
为了下一代和下下一代　　　　　　　　　　　　　　64

第四章　提问环节
和异性相处的时间对人生来说是必要的吗？　　　　　69

对人生感到绝望的时候应该怎么办?	71
应该离开却又离不开的时候应该怎么办?	73
听说学校会接收跨性别者,请问提议为其单独设立卫生间算歧视吗?	75
找工作时应该遵守基于男性评价标准的化妆礼仪吗?	77
想对男性说些什么?	79
女性如何变得强大?	82
除了杀人和吸毒等违法犯罪行为外,还有什么事是不能做的?	84
请问如何才能创造一个女性敢于质疑和否定男性的社会?	86
如何将好男人变成更好的男人?	89
有什么事是女生应该趁着年轻去做的?	92
看护老人也需要交给医疗机构吗?	96
发生过什么足以改变您人生观的事吗?	98
您做什么最快乐?	100
当父母感情不好时,作为女儿能做些什么?	103
没有创作灵感,或对自己的创作产生怀疑时应该怎么办?	105
在出售作品时您有比较在意的事情吗?	108
怎么样做才不会被叛逆期的妹妹当作垃圾?	110
如何与家暴的朋友相处?	113
痛苦的时候是什么在支撑着您?	115

后记   117

前言
不必与困难正面对峙

迄今为止，我在漫画里画了许多恶劣粗俗的故事，并以此挣钱在吉祥寺建了一栋房子——这栋被我称作"偷税豪宅"[①]的房子价格十分昂贵，如果只靠薪水我恐怕一辈子也买不起。因为住在吉祥寺这边，所以孩子还小的时候，我接送他们上幼儿园总会路过东京女子大学[②]。也因此有很长一段时间，我每天都能见到大家认真上学的样子。

那时令我尤其惊讶的是，每天早上快到九点的时候，学生们都会因为害怕迟到而匆匆忙忙地跑起来。一般来说，大学生对于迟到并不会太过在意，甚至可能因为来不及赶到就干脆翘课了。所以大家奔跑的场景一度让我百思不得其解。要知道，在你们这样认真上学的时候，稀缺的白马王子会被能干的女猎手挑走，等到毕业的时候可就只剩下渣滓了。不小心碰上

[①] 西原理惠子在修建这栋豪宅时曾与当地税务局讨价还价，最终获得了税务减免。西原根据这一情节创作了漫画《能不能偷税》，并在漫画中戏称其为"偷税豪宅"。——译者注

[②] 东京女子大学：创建于1918年，第一任校长为新渡户稻造。该校靠近西原理惠子位于吉祥寺的豪宅，本次讲座即于该校进行。

了可就不得了。

　　我们现在所处的国家还算不错,所以只要付出努力几乎都能得到相应的回报。但也会有例外发生,人生总有一些不讲理的时候。所以作为一个从旁门左道走到今天的老太太,我今天想对你们说的不是勉励你们如何去成为一个认真优秀的人,更不是向你们灌输所谓人的理想状态云云。相反,我想教你们一些避免危机的方法,例如什么时候可以选择逃避,什么情况下最好放弃。

　　接下来的日子你们也许会经常碰壁,其实碰壁的时候没有必要与困难正面对峙,有时从旁边绕个弯就能走过去了。就算正面交锋也最好选一把称手的武器,例如工作时碰到讨厌的上司,你和对方大谈人权没有任何意义,不如偷偷给他找碴儿来得高效。

　　一直以来我都是用这种方式走过来的,所以想和你们分享我的经验。也许这对你们用处不大,说起来也稍显粗俗,但还是希望大家可以用心听一听。

第一章

我是个骗子

没有了自尊心，所以成了漫画家

  我们从工作开始说起吧。我的工作是画漫画，目前正在《每日新闻》上连载漫画《理惠手账》，而在这之前的很长一段时间，我都在画一部叫《每日妈妈》[1]的作品。说起来创作这部漫画的初衷还是模仿《坏心眼奶奶》。不知大家现在是否还听说过《坏心眼奶奶》[2]，它是因创作出《海螺小姐》而闻名的漫画

---

[1]《每日妈妈》：西原理惠子于2002年10月至2017年6月在《每日新闻》上连载长达16年的漫画。该漫画于2009年被改编成动画，2011年被改编为由永濑正敏主演的电影。

[2]《坏心眼奶奶》：长谷川町子于1966年至1971年连载的四格漫画。如书名所示，画的是一个坏心眼奶奶所做的各种坏事。

家长谷川町子老师的作品。当时每日新闻社的人找到我，问我要不要画些什么。我只花了一秒钟的思考时间，便回答自己要画《每日妈妈》。

报纸连载对漫画家来说就是一场大型比赛，而当时的我急切地想赢。其实我并不处于那种可以画出幸福家庭的生活状态：丈夫①因酗酒而胡闹，两个孩子整日号啕大哭，家里简直一团糟。可即便如此，为了钱，为了报纸连载所能带来的名声和地位，我还是毫不犹豫地应下了这份工作。

我记得当时的交稿日是每周四，而我家几乎每一天都因丈夫酗酒而处于混乱状态。他会在家随地大小便，到处呕吐，乱扔东西，甚至说一些不是人能说出来的话——就像是一个恶劣版的埃米纳姆②，永远在嘲讽人。在这十六年间，我一边抱头忍受着他的嘲讽，一边还要在每周四都厚着脸皮向读者撒谎说："我的

---

① 丈夫：鸭志田穣。摄影师、随笔作家。1996年与西原理惠子结婚，2003年离婚。后因戒酒两人恢复夫妻关系，2007年因癌症去世。

② 埃米纳姆：说唱歌手，自1992年出道以来，唱片发售量超过2亿张。

如何靠自己想做的事情来赚钱?

自尊不能当饭吃

当不了一流也没关系

家人虽然偶尔有些调皮，但总体还是一个很欢乐的家庭哦。"

即便如此，在不断描绘谎言的过程中，我的漫画连载也渐渐顺利成型。我其实从小就爱说谎，比如我曾经吹牛说自己家里有十台电视，最后直接导致第二天不敢去上学。我一根筋的性格让我常常做出此类不计后果的冒失举动，而在一个又一个圆谎的过程中，我变得越来越会辩解，最后就这样成了一名漫画家。

其实从事创作型工作的人大多都属于这类性格，对我们来说最重要的就是要擅长撒谎。相反，律师或医生的性格就会认真许多，他们的记忆十分严谨。所以如果大家有了孩子，请一定仔细分辨自己孩子属于哪种性格。不经思考就贸然行动的孩子会比较适合成为创作者，包括艺人和运动员也都属于这一类。这类人行动起来就像一只奇怪的蝗虫。

总之，我就这样画了三十年的谎言，也似乎顺利地挺过来了。可要说我为什么能成为一个漫画家，我想最重要的还是在于我并没有多少自尊心。

三岁左右。于高知桂滨拍摄。此时生父因酒精中毒而死去。

从高中退学后,我通过参加大学入学资格检定考试和入学考试考上了武藏美①。直到现在我仍记得,在上第一节素描课的那一天,我是如何在打开教室门之后又立马偷偷地将其关上的。因为在往教室里窥视的那一瞬间,我突然意识到:自己是最差的那一个。而且,这是武藏美,上面还有多摩美,再往上还有东京艺大。我开始明白这样下去不行,我是不可能赢过他们的。

所以我下意识地关上了门,但我又想靠画画生活。那该怎么办呢?我想到了不良书刊。

我自认为这算是我的优点。因为没有自尊心,所以可以很果断地撤退,什么事都能干下去。美大或者艺大毕业的人大多都会因为自尊心而只愿从事崇高的艺术,不屑做这些庸俗的工作。但我并不想成为什么顶级艺术家,只想靠画画活下去。最后一名有最后一名的活法,去做大家都不想去做的事情就好了。

---

① 武藏美:武藏野美术大学的俗称(读作musabi)。培养出如三浦纯、Lily Franky等诸多漫画家、插画师和设计师。

当时报酬大概是一张插图800日元或者1000日元。我至今还记得自己第一次收到稿费时的激动心情。我心想太好了,我终于不再是一个一无所有的女孩了,我成为别人口中"在东京画画的女孩"了!

虽然没有多少自尊心,但对这件事我还是很骄傲的。从此之后,我的信条就变成了"什么都可以做"。我曾经一个人填写完一百人份的调查问卷,也曾在编辑部等待的间隙里被叫去当场画过插画。靠着自己"撒谎的本事"和没有自尊心的性格,我一路得到了很多工作,并对此感到很满意。

人的生命并不平等

我究竟为什么会变成这样一个"骗子",说实话,我自己也不是很清楚。总之,我来说说我的童年吧。

我出生于高知县,生父因为酒精中毒去世,而我甚至不知道他的样貌——当我还在母亲肚子里时,母亲就因家暴而与他离婚了。高知县属于最贫困的县,我家也非常穷。当地的孩子对偷东西习以为常,因为父辈就是坏人,所以孩子也跟着学坏,蛇头[①]的后代

[①] 偷渡组织者。——译者注

和"伪同和"①的后代从小就学会了利益斗争。

特别是农村的孩子，几乎看不到未来的希望。没有工作，也没有娱乐。小学三年级的学生就能做出烧毁神社的举动，到了初中全校学生都成了小偷，还有许多飞车党，而这就是所谓仅存的娱乐。大家的脑子也很笨，初三的男生还不懂什么是罗马字。小流氓们整天无所事事，在街上转来转去。可爱的女孩子则会成为"流氓头子"的女朋友——顾名思义，流氓头子指的就是这一片儿脑子最笨的无业游民。女孩十六岁就会生下自己的孩子。当然，老公是不会工作的，就算工作也赚不到足够养家的钱，因为才十七八岁嘛。女孩因为有了孩子也无法工作，贫穷就这样得到了遗传。

于是到了二十岁，女孩们会选择换一个丈夫，到了二十五岁再换一个，三十岁再换一个……每换一次，丈夫的水准就会降低一个档次，就好像鸠屋酒店

---

① "同和"指日本为消除部落民歧视而提出的融合政策，"伪同和"专指利用这一政策牟取私利的行为。——译者注

的三段式价格递减法①,只有孩子在不断增加。我周围曾经很受欢迎的女孩儿都是这样逐渐变得贫穷不堪的。

我所处的时代,还是一个父亲可以随意殴打母亲的时代。我家便是如此,电视剧中也时常出现男人殴打女人的场景,父母殴打孩子更是理所当然的事情,父母生气了便是一顿暴揍。特别是狭小的公寓里要住上那么多口人,越发增加了孩子挨打的频率,以致我心中的母亲形象永远都是易怒的。她们拥有粗大的胳膊,肥头大脸加上奇怪的烫发,就像东大门市场②的大妈。我也曾想过自己今后也会成为这样的人,变成被丈夫家暴后再将怒气转移给孩子的母亲。对未来的这种想象令我感到十分厌恶,却无法逃避,周围并没有适合女性的职业能够成为我人生努力的方向。

---

① 三段式价格逆减法:位于伊东的太阳鸠屋酒店为吸引顾客而在其钓鱼池设置的一种计价方式。价格分为三个区间,钓的鱼越多,鱼的价格越便宜。

② 东大门市场:位于韩国首尔闹市的商业设施。坐拥多座购物中心与店铺,全天都十分热闹。店铺的大妈们某种意义上非常强大。

小学五年级，在继父的房子前。继父戴着假发。

总之这样下去是不行的，我不能一辈子待在这儿，我得重新寻找自己的容身之所。于是我最终决定去东京。我喜欢画画，如果在东京靠画画赚钱就能改变自己的人生了。这个想法十分愚蠢，典型的混混儿思维，但我仍决定去参加大学入学考试。因为被所就读的高中强制退学[1]，我只好先去参加大学入学资格检定考试，然后再参加东京各所美术大学的入学考试。

可就在我入学考试的那天，我的第二任父亲自杀了。他拿走我辛苦积攒的四十万日元（≈23395.23元），嘴里念叨着"最后一次"便去了邻县的赛艇场赌博，最终因为把钱输光而上吊自杀。得知死讯时我只是想，这也是没办法的事。虽然我很喜欢这一任父亲，但他死了也不一定是件坏事。人的生命并不平等，一定会有人早些死去更好。我看着母亲为了守住我上大学的学费而被揍得面目全非的脸这样想。

出殡那天母亲仍然鼻青脸肿。当时农村入殓前有

---

[1] 强制退学：西原理惠子高中时曾因在小酒吧喝酒而被强制退学，她本人对处分不服而提起诉讼。这一事件作为"土佐女子高校饮酒退学事件"被众所周知。

钉棺盖的习俗，算是家人最后的告别仪式，也意味着将逝去之人的魂魄封印。母亲那天十分用力地敲打钉子，嘴里还念念有词："今后债款就不会再增加了。"我听了之后忍不住笑了。虽然很伤心但也很想笑，这就是所谓的又哭又笑吧。这老太太怎么不早些想明白这一点呢，我忍不住在心里吐槽。

虽然母亲过去常常对孩子们发火，但她现在已经和我在东京过上了很好的生活。前段时间，她忽然对我说："说起来我好像都没骂过你啊。"母亲的语出惊人令我十分窝火，因为太过气愤我打电话给远在高知县的哥哥抱怨。我哥安慰我说："她活不了多久了，你就随她怎么说吧。"我一想也是，不过记忆还真是容易被涂改的东西。所以大家不用害怕暂时的难受与痛苦，有了开心的事情就会把它们全部忘掉的。特别是变成中年阿姨之后，脸皮就会更厚，不再讨厌自己，也不会在意别人怎么看待自己，一切都变得无所谓，人生也就更加轻松了。

一生至少要认真学习一次

因为父亲的自杀，东京各所美术大学的入学考试我并没有考完，武藏美之类的好些大学全都落榜了。这让我觉得自己去东京画画的想法非常可笑。但无论如何，我想着总要认真学习一次。在农村接受不了系统的教育，也搜集不到相关的信息，根本无从下手，所以我便报名了东京的美术预备学校①。

入学之后有一场素描的摸底考试，成绩从第一名

---

① 美术预备学校：为报考美术类大学的考生所开设的补习学校。西原当时就读于立川市的立川美术学院，并在此结识未来的作家板谷宏一。

排到第三百名。而我的名字显然在最后一列。盯着自己的排名，我怎么也想不通：为什么我会是最后一名，我画得明明很好啊——当时的我盲目自信到了如此地步，就像是新宿黄金街上对日本文学和电影高谈阔论的醉汉。不过，也多亏了那次排名，它迫使我开始思考努力的方向。

当时在隔壁预备学校的海报上，我见过这样一句话："一生至少要认真学习一次！"说得真对啊。迄今为止，我的人生中从来没有过可以称之为学习的时刻。我暗下决心，这一年一定要努力学习。任何事情只要给它限定期限，就会显得不再那么遥不可及。那一年里我非常刻苦，无论是文化课还是专业课都学得非常认真。之后我便顺利地考上了武藏美，然后就是我刚才提到的：在大学的第一堂课，我就明白了我还是最后一名——在预备学校的学习经历让我至少具备了审美眼光。

好不容易考上了武藏美，我却开始和一个待业男青年同居了。真不知该说自己什么好。那个男人非常不爱干净，不洗衣打扫也不会洗衣打扫，总是将房间弄得一团糟。先忍受不了的人总是会被迫打扫，于是每次都以我来打扫而告终。这算是我的一个弱点吧。我自小就学不会与错误的男生干净利落地断绝关系，在买新鞋之前总是舍不得扔掉旧鞋。一个人生活会没有信心，也会很寂寞，总希望能有人做伴，所以才会沦落到和这样的男人一起生活。我这种性格就算是生病的小猫也会领养的。

幸运的是，我靠努力画画月收入终于达到了三十万日元（≈17546.42元），这也是我最初的目标。我至今还记得自己收到薪水的那一天一个人将啤酒一饮而尽的样子，当时我特别高兴，去小饭馆点了啤酒和一份豪华炸虾套餐。套餐里有五只炸虾，平常我是绝对舍不得点的。

三十万日元里有十万需要用来交房租和水电费，另外十万用来支付画画的材料费以及其他工作相关的费用，最后还剩十万可以存起来。一个月十万，一年就能存一百二十万，有了一百二十万我就可以换个房子了。因为租房所需的押金和礼金①太贵，我记得当时大概相当于五到六个月的房租，所以必须要先存钱。我想换一个两居室，这样就不用在睡觉的地方画画了。

我租的第一个房子是东村山的一个木质结构的公寓，隔音差到可以听见隔壁大爷放屁。我把待业男青年带去那儿和我同居，然后任凭他将房间变成了垃圾堆。他脑子很笨，我质问他究竟干了些什么以致把房子弄成这样，他也回答不出一个所以然来。月收入达到三十万日元之后，我终于存够了两居室的礼金和押金。于是我毫不犹豫地换了个房子，并在搬家时才意识到房间里还有这样一份急需处理的大件垃圾，我问自己这个男人究竟有什么用，同时在心里给出了否定的答案。这时我才下定决心要扔掉这件垃圾。

所以"断舍离"的"断"恐怕应该写作"男"②，

---

① 日本租房时需要向房东支付一次性的酬谢金，称为礼金。——译者注
② 日语中"断"与"男"同音。——译者注

年轻女孩最不应该做的事情,就是在游手好闲的男人身上荒废时间。分手也需要耗费金钱,所以一定要工作和存钱,然后『男舍离』。

因为没用的男人是很难甩开的。只要开始同居，对方就不会走了，他没有能够维持自己一个人生活的钱。

我经常和打离婚官司的律师聊天，发现很多女人其实和我有着同样的遭遇。自己从早到晚工作，同时兼顾洗衣打扫这些家务，如果有了孩子还得照顾孩子。而她们游手好闲的老公却二十四小时都在休息。女人忙了一天，睡眠时间还要面对自己无所事事老公的胡搅蛮缠，她们再没有争论的精力和体力，只能一味沉默忍受。由于男人的体力占据明显优势，如果真把对方惹急了，甚至会被家暴，好不容易哄睡的孩子也会被吵醒。于是她们就这样浑浑噩噩过了一辈子，像是陷在沼泽之中，再也爬不出来。

不过，如果有足够的钱也能从沼泽中爬出来。我存够一百二十万日元之后，潇洒地对那个男人说了一句我要搬家，便成功离开了他。虽然是旧"鞋子"，且是很重要的"鞋子"，但因为挣钱而带来的自信让我学会了反思，反思自己当初怎么会和这种人在一起。当然，有时候我也会动摇，毕竟是这么多年来自己一直很珍视的感情，不舍得就这么轻易断送。经济学里有一个词叫"协和谬误"①，如果是协和客机还好，可没用的男人充其量只能算是没中奖的马票。就这么个没用的玩意儿，我也曾因为觉得可惜而一直留着。

我最终还是离开了那个没用的男人，并在半年之后便存够了一百万日元，我至今还记得当时脑子里冒出的第一个想法：我终于可以放心地感冒了。

自由职业者是不能生病的。如果出于感冒之类的原因而请假，工作立马就会被别人抢走。但如果有了一百万日元，就算不工作也够维持我半年的生活。只要在半年内再找到新工作就可以了。所以存够一百万的时刻，和我存够两居室的押金加礼金的时刻，都是我人生中记忆犹新的激动时刻。那时正好是二十四五岁的年纪，我第一次感觉自己长大成人。

大家今后交男朋友的时候也一定要有自己的小金库，这样才能做到可以随时离开。因为对方只要进了

---

① 协和谬误：指参与者因不忍心放弃沉没成本从而错失撤退的时机，导致更大损失的现象。起源于英、法两国政府联合投资开发协和客机的失败经历。

你的房间,可能就再也不肯出来了。没用的男人撒起谎来十分高明,对于这种人我们只有认输的份儿。所以为了以防万一,记住至少要给自己存够三十万日元。

第二章

我失去的只有腰

如何防止自我价值下跌

我刚来东京的时候，见到城市里的女孩其实是很吃惊的。大家都打扮得十分入时，比我年轻的女孩子却穿着相当于我一个月房租的鞋子，在丸内线上总能遇见穿着昂贵名牌衣服的漂亮女生。我当时就想，怎么才能变得和她们一样啊？

那时我还没法光靠画画赚钱来养活自己，一度在新宿歌舞伎町的一家超短裙酒吧打工。喝醉的客人离开时总是索吻，而我最擅长的就是一边搪塞敷衍客人的无理要求，一边快速地将其塞进出租车中。

在歌舞伎町工作让我见到了许多不寻常的光景。

比如和厨余垃圾一起被扔出来的早班牛郎①,八十岁还在向醉汉卖身的老太太——仔细一看其实是男扮女装的大爷。这些光景让我心里产生一种说不上来的滋味,我害怕自己以后也会沦落到这种地步,甚至一度哭着要回老家高知。那时的歌舞伎町到处都是瘾君子之类的人物,比《银翼杀手》②(*Blade Runner*)描绘的世界要可怕多了。雷德利·斯科特一点也没拍出东京的乌烟瘴气。

但是现在回过头来看,我对那段经历充满了感激,偶尔经过歌舞伎町时还会两眼泪汪汪。自那之后我找到了不错的工作,也有了丈夫(虽然和没有也没什么差别),生下了两个非常可爱的孩子,过得很不错。我常说自己"失去的只有腰",我可不愿意为了换回腰而回到过去那个一无所有的自己。

今天在这儿听讲座的女孩儿们,你们拥有着健康

---

① 早班牛郎指在早上工作的牛郎。服务对象一般为夜间工作的女性以及夜晚不方便的家庭主妇。——译者注

② 《银翼杀手》:雷德利·斯科特执导的科幻电影,于1982年上映。影片中未来(2019年)的洛杉矶已经变成了乌烟瘴气的九反之地。

的身体、光泽的肌肤。但是要知道，四十年后它们将统统归零。年轻这种资产下跌的速度很快，二十年后就会贬值到一无是处。二十年，不过也就是读完小学、中学、大学的时间，在这二十年间一事无成是比死还要可怕的事。所以为了防止自我价值的下跌，大家一定要多考证多积累工作经验，学习一些理财知识，它们都可以作为你未来人生的选项之一。

我们并不是奥运会运动员，人的一生如果按八十年来算——今后可能得按一百年来算吧——二十岁不一定就是最好的年纪。每个人都需要好好思考剩下的六十年、八十年应该如何度过。我现在五十三岁（收录时），活得非常开心。我不再需要年轻，不用看人脸色。想吃寿司的时候随时可以吃，不想工作了便可以不用工作。多亏我一路撒谎走过来的人生，我现在时常怀着一颗感恩的心。

相反，二十岁的女孩子在某种意义上就会稍微吃亏一些。年轻会让你受到一些优待和吹捧。但是，要想笑到十年后，二十年后，三十年后，直到八十岁，就得学习一些在大学课堂里不会教的东西。进入社会之后你们会碰到许多困难，比如被公司部长性骚扰或是职权骚扰。这类事情硬碰硬是解决不了问题的，需要找到一些歪门邪道，例如和有同样遭遇的受害者们组团向工会申诉，或是在公司官网上公开部长出轨的邮件，大清早就让部长的股票跌停。

女人到了三十岁左右脸皮就会开始变厚，厚到可以做出这样的事了。上一辈的女性拼命斗争才为我们争取到了产假，我们有义务为我们的后辈也做些什么。前辈们为我们开拓了一条仍有野兽出没的小道，我们要努力将这条小道拓得更宽，争取更多的产假，改善我们的劳动环境。很多事情硬碰硬不行，我就选择通过撒谎来达到自己的目的。不怕大家笑话，我的母亲都已经得过十次癌症了。我甚至还能一脸无辜地说出她上次是吃甜甜圈痊愈的。

认清自己看人的眼光

我还想谈谈关于男人的问题。当然,不是教大家如何抓住男人的心,因为我自己也没怎么抓住过。

首先,我想请大家将自己想象成批改作业的老师。请你们回顾一下自己过去交往过的男生,并试试给自己的情感经历改错。这个步骤会让你们发现自己的恋爱倾向,并得出相应的解决对策。是不是发现自己在同一个地方跌倒了很多次呢?反正我就是这样,永远在同样的地方犯错——我老是找没工作的男人,就算努力学习也改不了这个臭毛病。人在感情中确实是有自己癖好的,大家一定要充分了解自己的弱点。

我有个护士朋友，总爱在上完夜班后去小酒馆里认识男人。出现在那种地方的男人是什么样，大家也能猜出一二吧。总之，沉迷于弹子球游戏①的男人啦、无业游民啦，这类男人出没的地方是禁区。大家如果想要收获一段幸福的感情，首先得改变自己作战的鱼塘。很多女生总爱在同一个鱼塘钓鱼，结果每次都败给同一类型的男人。这类女生大概是自己的战斗力探测器②出现了故障，没有看男人的眼光。如果你发现自己是这样的人，还是尽快找朋友给你介绍吧，找那种看上去很幸福的情侣朋友。有时候认清自己的看人眼光也很重要。

还想告诉大家的一点是，越认真的女孩子越容易陷进去，也越难逃离一段失败的感情。我认为专一是女人十分致命的缺点，你会逐渐看不到对方的缺陷。我有一个因为沉迷于恋爱而逐渐和我疏远的朋友，突

---

① 日本的一种赌博游戏。——译者注

② 战斗力探测器：漫画《龙珠》中类似于护目镜的装备。戴上之后对方的战斗力会直接以数字形式呈现。

然有一天很生气地跑来和我抱怨没想到对方是那种男人。而包括我在内的周围的女性朋友都无奈地表示，他一直以来都是那样的男人啊。女人啊，恋爱了就会变成瞎子。

　　我想在座的各位都是十分认真努力的女孩。从高中到大学一直被要求做一个淑女，大学毕业之后突然让你们主动出击捕捉猎物着实有点困难。毕竟好男人不会突然就主动出现在眼前，更普遍的情况是早在被发现之前就被眼光更毒辣的女人抢走，轮到自己就只剩下小杂鱼了，世上还是渣男多。就算只钓到小杂鱼也没关系，不是什么值得羞耻的事情。但切忌在钓到小杂鱼的时候抱存侥幸心理，对未来抱有不切实际的期望。碰见小杂鱼就要赶紧放走。我们假设从二十岁开始交往，三年之后发现不合适，也才二十三岁。再换一个人交往三年也才二十六岁而已。但如果一心一意和同一个人交往很多年，等过了三十岁想再换一个就来不及了，你会丧失再来一次的勇气。开小酒吧的老板娘曾对我说："所有的男人都是三等奖，女人的

做个无害渣女吧

态度会决定他们最终成为一等奖还是六等奖。"虽说如此，在婚姻生活中如果性格不合，很多问题光靠努力是无法解决的。

这样你才能发现对方的缺点。只有通过对比，才能让我们的目光变得冷静客观。现在的相亲似乎也默认会和三四个人同时接触，可以说是公认的脚踏好几条船了。希望大家记住，为了自己的幸福，稍微使一点小伎俩没什么错。毕竟男人很笨，甚至能在你刚剪完头的时候若无其事地问上一句："头发又长长了啊？"

当然也可以选择不结婚。作为我来说，我并不觉得婚姻是一种值得推荐的制度。要合葬啦，还有婆婆和亲戚等一堆烦人的东西。今后也许自由婚姻的形式会更加普及。

也可能有人想要孩子，所以需要男方提供精子。很多和我年纪差不多的女性都抱有这种想法，她们努力工作，到了三十岁左右终于意识到卵子的质量问题，于是随便找个人就闪婚了，怀孕后没多久又闪离了。我就属于这种情况,最后找了一个酗酒男。不过拥有两个孩子还是一件很幸福的事。

　　结婚唯一的好处,大概就是法律会强制对方负担房贷和小孩的抚养费。虽然一人三万日元左右的抚养费帮不上什么忙,但仍然会有人拒绝支付。在我已知的范围内,大约有九成离异女性没有收到丈夫的赔偿金和抚养费——不过如果男方能付得起赔偿金和抚养费,大概也不会走到离婚这一步吧,大多数都是因为这点钱都付不起才要离的。离婚之后有关抚养费的纠纷十分麻烦。无所事事而又身强力壮的男人,你永远不知道他们会用何种方式来找你的碴儿,所以很多单亲妈妈干脆躲得远远的。

无论怎样都要坚持工作

　　世界上绝大多数的贫困家庭都是单亲母子家庭。人们总说单亲母子家庭的孩子容易走上歧途，其实令孩子走上歧途的并不是单亲，而是贫困。我走过世界各地才发现，原来世上有那么多女人，因为信任男人会承担孩子的抚育费用而生下孩子，最终却希望落空。

　　所以我常对我的女儿说，生孩子之前一定要有两百万到三百万日元的存款，因为怀孕与生育会导致我们至少有半年时间无法工作。分娩对女人身体的打击已经相当于一场剧烈的车祸，而父亲们永远只会袖手旁观，空手指挥女人来照顾孩子负责家务。

在日本，有关生育的理论在某种程度上类似于运动精神里的毅力论。这种理论声称分娩的痛苦母亲能够忍耐，也必须忍耐，只有忍受住痛苦才能成为一名真正的母亲。这可真是赤裸裸的谎言。大家请记得一定要无痛分娩。试想一下，现在就算是剖腹的外科手术也得打麻醉吧。无痛分娩才能让我们更好地进行术后恢复。在发展中国家，有许多母亲因分娩而死亡，还有更多的新生儿因医疗环境恶劣而失去生命。日本因为有前沿的医疗技术，所以能尽量减少这种悲剧的发生。但分娩绝不像婆婆和母亲所说的那般，是一件神圣而美丽的事情。所以，请大家安心地无痛分娩。以后我的女儿或儿媳妇生孩子的时候，我一定会极力支持她们无痛分娩，甚至会帮她们承担费用。用分娩的疼痛来试炼一个人的毅力实在是太愚蠢了。

母乳神圣论也是如此。母乳喂养的压力是压在母亲肩头的又一份重担。同样，请大家不用在意那些说法，奶粉和最近比较流行的液态奶也完全足够将孩子养活。我还认为山内一丰的妻子①做法也完全错误，绝对不能将私房钱用来接济一个连马也买不起的男人。这笔钱应该用在孩子的教育上。

总之，我认为无论发生什么女人都应当坚持工作，哪怕赚来的薪水全都用来支付了幼儿园的学费也没关系。我的母亲一生都在坚持工作。虽然她的历任丈夫都很浑蛋，让她吃尽了苦头，但她一边骂着畜生一边坚持工作了下来，才有了我们兄妹三人如今的生活。

在这个世界上，没有不生病的丈夫和不倒闭的公司。直到这个年纪我才明白，人是多么弱小又不可靠的生物。原本十分优秀能干的人也许突然某天就会变得奇怪，因为已经过了使用期限。是啊，无论多么精密的仪器总有坏的时候，这是没有办法的事情。曾经的好父亲、好母亲也许突然某一天就变成了人渣。这时如果有一方没有工作，就会变成一件很可怕的

---

① 山内一丰的妻子：战国武将山内一丰的贤内助，嫁入山内家之后将自己的嫁妆贡献给丈夫购买马匹。

事情。

　　我身边总有母亲说"现在还不是离婚的时候"。母亲们喜欢将不离婚的理由归结于孩子："因为你们我才不离婚的。""我为了你们牺牲了自己的人生。"我小时候也总听母亲对我说类似的话，孩子听到这样的话其实会十分痛苦，而嘴里说着"现在还不是离婚的时候"的人也永远不会离婚。

　　这样的母亲，大多会在孩子学校附近和不相熟的妈妈通过抱怨老公来拉近距离。虽然这样说不太好，但她们总顶着一头干枯的头发，在可以通过后天变美的地方从来不作讲究，嘴里永远念叨着"老公死了就好了"，非常可怕。说真的，我无数次听到过这句话。她们的孩子也会有样学样，随口便会说出"××死了就好了"，最后因为校园霸凌闯下大祸。孩子永远是最大的牺牲者。我至今还记得小时候母亲出于对方父母的原因而不让我和某些小孩玩。

　　如果一直和讨厌的人一起生活，自己也会变成同样令人讨厌的人。所以我一直认为能够离婚的人生非常幸福，有勇气面对分离的人值得敬佩。我听说过这样一位母亲，因为丈夫老是咒骂自己，说很难听的话，母亲等到孩子长大后便离婚了。"哥哥很无奈，但也理解了我的做法，弟弟却哭得要命。"可即便这样，母亲也不曾后悔，认为自己是为了两个孩子以及他们未来的家庭在做正确的事。"我想告诉他们，生活在一起无论发生多么令人生气的事，都不能用那么难听的话去责备对方。如果我没有做出离婚的决定，会让我的孩子们误认为他们无论做出多么过分的事对方都不会离开。"

也正因如此，我的一生都在不停地更换男人，就像是深夜去小酒馆喝酒，喝完一家再去下一家，干净又利落。能够及时"见风使舵"也是很重要的品质。我曾有幸和《活了100万次的猫》的作者佐野洋子[①]女士交谈，说到两段感情之间时常会有重叠的时期时，佐野女士对我说："理惠子，这个叫作预备期，

[①] 佐野洋子：绘本作家、随笔作者。与西原同为武藏野美术大学设计系毕业生。代表作《活了100万次的猫》被称为跨越时代的畅销作。2010年去世。

不用算进去的哦。"我当时简直惊叹,佐野女士真是教了我极有用的知识。希望大家都可以过上"预备期"多多、硕果累累的人生。

第三章

还是做女人更快乐

亲情并不能治病

我刚才提到我的丈夫酗酒，也因此家暴，带给我许多痛苦的回忆。这也导致我被周围朋友问得最多的一个问题便是："为什么结婚前不先了解清楚呢？"

可是，几乎所有的家暴都从怀孕和分娩，也就是知晓对方已经无法逃走时才开始的。我当时是剖腹产，不能动也不能走，他当着刚生下来的柔软宝宝就开始冲我怒吼。我不敢还嘴，也不敢对他破口大骂，我怕他对我的孩子做出什么。我想抱着孩子逃走，可是逃不出去——要带的东西太多了，那是一个寒冷的冬天。

34岁左右。与丈夫的双人合照。丈夫当时还未患病。

身体虚弱、无法自由行动、无法咒骂、无法还嘴。家暴便从这时开始。他一开始只是说一些恶毒的话，后来便开始一边抱着孩子一边冲我怒吼——我明白这是在向我示威："如果敢还嘴的话我可就对孩子下手喽。"然而，出了家门他又开始扮演好丈夫的角色。家暴男是如此擅长撒谎，擅长到我从未想过他可能有病。

后来我才知道，酒精依赖和家暴都属于疾病，一种让人丧失理性的疾病。丧失理性的意思似乎就是欺负弱者，因为他们只会将矛头对准病人、孕妇和老人，绝对不会伤害比自己强的人。说起来狮子也是这样，从不袭击比自己更凶猛的动物。后来我才明白，原来这就是所谓的"变成野兽"。

家暴的发生对我来说十分突然：我的身体还未完全恢复，又堆积了足够多的工作，还有一个孩子，处于这种境地实在无法逃走。我当时连睡觉都不得安宁，日日夜夜都忍受着他的咒骂。这甚至让我一度停止了思考，脑子里一片空白。这种感觉就像是将自己放进洗衣机里搅拌,完全使不上力,而这样的状态一直持续了六年。我想找人倾诉,但大家总是对我说些人生论之类的老生常谈。"你一定也有错吧。""你老公也很可怜啊。"和野兽在一起生活是那么可怕,我为了保护孩子已经殚精竭虑,还要被那些世俗之见困住:"都是家人,必须要照顾他啊。""这只是病,治好就行了。"

在我接近崩溃的时候,我想起了我的继父。那位虽然我很喜欢,但仍希望他早点死掉的父亲。当我的丈夫烂醉如泥,用那副丑恶的嘴脸冲我喊着让我去死的时候,我同样真心地希望他早点死掉。我认真地思考过要让他死在哪里,比如将他推下楼梯。但我讨厌清理血迹,也不想把我心爱的房子弄脏,所以还是让他死在外面吧。可那样的话就得先离婚。于是我立马开始行动,先打电话让我哥将孩子领走,我则躲进了酒店,然后找到了一位专门打离婚官司的律师。

那时"家暴"这个词还并不流行,言语和精神上的暴力也并不能成为离婚的原因。他也很狡猾，冲我扔东西的时候总是会故意扔偏一点，冲我伸出拳头却又故意打在墙上。是我的离婚律师告诉我，精神暴力也能成为离婚的理由，并教我找到对方最尊敬的人来协商，最终让我成功离了婚。

现在回想起来，当时我真是几乎每天都在和丈夫的疾病作斗争。但悲哀的是，我对这种疾病一无所知。因为不懂，所以我总是从道德和人性上挑他的错。可酒精依赖是一种会让脑子变坏的病，跟对方谈伦理起不到任何作用。病人还是只能找医生解决。家人不会看病，亲情也治不好病。大家试想一下癌症，家人的爱能治好癌症吗？

婚礼上的誓词总说"无论健康还是疾病……"这曾让我以为在对方生病时就应该不离不弃。但直到现在我才明白，这种想法真是大错特错。正是生病的时候才要离开，因为家人能做的只有背后默默支持而已，除此之外一切都是徒劳。这是我从这段婚姻中学到的道理。如果以后我的孩子也生了这样的病，我会将一切都拜托给医疗机构,而家人只需要在背后默默支持,言语上表达爱意,行动上换换床单就行了。这才是对于家人来说最该做的事。

内阁府男女共同参与局：关于消除针对妇女的暴力的漫画

由于自身受过家暴，西原理惠子以内阁府所发起的"消除针对妇女的暴力"运动为主题创作了该漫画，通过《理惠手账》中的理惠之口对家暴进行了简单明了的解说。

能让丈夫体面地死去真好

他和我离婚之后仍一直酗酒,最终导致食管静脉瘤[①]破裂而大量吐血。通常一次大量吐血便足以让人死亡,但他吐了七次还活着。真不知该如何评价。

治疗酒精依赖这样的病关键在于要让病人跌落至人生的谷底,这样才能使其彻底清醒。所以首先就需要家人的抛弃。看着自己的丈夫和孩子在车站附近随地大便而袖手旁观是需要一些毅力的,但不这样做不行。就这样,我眼看着他慢慢地堕落,直至最后他意

[①] 静脉瘤:酒精依赖症所产生的肝硬化是导致食管静脉瘤的重要原因。静脉瘤破裂后会导致大量吐血和便血。

识到自己再这样下去就会死掉,这才下定决心戒酒。

这时就可以将其送进医院了。在他觉得自己要死的时候,我对他说:"治好了咱们就回家。"虽然一切都是谎言,却极其有成效:他之后确实再也没有沾过一滴酒。

此时我才明白,原来这真是病啊,原来他不是恶魔啊。不过也是,如果不归结于病症,我实在想不出来为什么他能做出那么可怕的举动。此刻的我就像一不小心发现了神灵的存在,心里暗自决定绝对不能将这一发现公之于世。

我想有很多人的家人都在饱受类似疾病的折磨。遇到这种情况请首先求助于医疗机构,千万不要误认为自己的爱能够治病。其次,多听听痊愈者及其家人的经验,千万不要轻易听信亲戚大妈的话,她们说不出什么有效的建议。

总之,我与我那酗酒的丈夫共同生活了六年。如果早那么一年两年结束这段婚姻,也许结局都会不同。我对那六年没有什么记忆,不敢说出口,甚至不敢回忆，一想起来就会全身发抖、无法呼吸。我周围有朋友也有类似的感受，因为弟弟沾上毒品，全家人对那十五年都没有任何记忆。可见让全家一起承担疾病的折磨是多么可怕的一件事。

丈夫去世的时候，大家对我说"你真辛苦啊""你真了不起"，可我只是觉得，有钱真好。治病需要花钱，甚至让丈夫体面地死去也需要不少钱——葬礼和棺材的费用都很昂贵。真是多亏了有钱，多亏我能够自己挣钱，不然他就会在车站附近自己拉完的大便旁像一条野狗一样死去吧。也许我还会一直对我的孩子洗脑他们的父亲是个人渣，毕竟在我小时候周围有许多人都这样咒骂自己的丈夫和父亲。贫穷是真的会让人成为野兽。

但是我让他体面地去世了。所以在孩子们的记忆里，父亲永远是那个成功戒酒后的父亲，一切都是美好的回忆。我很庆幸自己这样做了，也很庆幸我一直努力工作。因为有钱我才能和自己的前男友分开，也是因为有钱，才有今天的我。

别将自己的人生交给他人

我有一对儿女，儿子一直都还算听话，女儿目前却处于严重叛逆期——就是那种会说出诸如"这样的妈妈还不如没有"之类叛逆期限定台词的阶段。为此我已经三年没有说过她了。反正我说什么她也不会听，听了也只会觉得我说得不对。对此我也很无奈。

更要命的是，我曾经写过一本名为《写给女孩们的生存指南》的书，该书一度十分畅销，放在当地寂静书店①里最显眼的位置，还贴上了海报，我女儿每

---

① 寂静书店：位于吉祥寺站北口商店街的书店。因为用心的陈列布置而广受当地居民好评。

天上学路上都能看到。书里写了她叛逆期的事情，导致她十分生气，叛逆也越来越严重。但不管她有多不满，我还是决定写下来了。虽然现在她还不懂，但当她某天遇到挫折的时候，希望这本书能够派上一点用场。

总之，我期待着我的女儿可以靠自己的双手去构筑自己的幸福。无论发生什么都不要将自己的人生交给他人，命运要把握在自己手里，这是最重要的。

当人活到四十岁的时候，其实什么事情都能一笑置之了。烦恼的事情都会忘掉，人生也会变得十分轻松，虽然体重还是很重，但精神上会很轻松。我的人生一直都由我自己决定，所以我没什么怨恨的人，也没有无法原谅的人。我想自己大概能笑着活到八十岁，到那时候还能每天下午四点左右喝上一罐啤酒。这样的日子可真幸福。

如果将自己的人生交给他人来做抉择，出事的时候很容易怨恨替你做出选择的人。你们的人生可以撒谎，可以逃避，不用挑战自己的缺点，但我希望你们能将幸福掌握在自己手中。

也许有人会问,那不能工作的人该怎么办呢?所有人都会变得不能工作的,所以请在无法工作之前尽量努力工作吧。工作会减少人的负能量,闲着没事干的人才会到处抱怨,为一些细枝末节的小事而生气。工作挣钱会让身体内部的发动机不停转动,人也会因此变得更加积极向上,能量满满。

所以大家要多去外边走走,努力工作,然后享受美食。工作能让我们有底气不用自己做饭,亚洲的上班族大多都是在外边吃的。众所周知,只有欧洲人,尤其是德国人做饭才不用火。他们可以连续一周只吃面包和奶酪,厨房简直干净得闪闪发光。

我还想告诉大家,不要有做饭的心理负担。日本女人似乎都被做饭这一奇怪的信仰给束缚住了,这么热的天气还要自己带便当,食物中毒了可怎么办?如果在家做饭,要先去超市买食材,然后回家开始做,做好了还得叫孩子吃,孩子吃不完就会开始发火,最后还得收拾厨房和餐桌。大家可以算一算这得花多少

感到不对劲就赶紧溜，**不要回头。**这份决心将成为你奋斗的动力源泉。

时间，如果去外面工作又能赚多少钱。算完你就会发现，比起自己做饭，还是去 atre[①] 买一点现成的家常菜划算得多。商场里的成品菜好吃又方便，孩子也乐意吃，自己自然也就不会发火了。

所以我一直认为做家务这件事应当职业化。让专业人士来打扫房间会变得更干净，饭菜也会更好吃。当你刷马桶的时候看见丈夫没冲干净的大便，当你发现只擦过一次的毛巾出现在洗衣机里，是真的很容易生气。如果想要家庭关系和谐，那么双方都外出工作，把家务交给专业人士来做吧。一个月一次就好，家里的环境就会有质的飞跃。此外，点外卖也是一个不错的选择。总之，说自己做饭很伟大的都是骗子，做饭应当属于爱好，是喜欢才去做的事情。大家可以考虑开一个低价代做家务的公司，今后的需求量一定很大。

---

① 日本某商业设施。——译者注

为了下一代和下下一代

在我听比我大很多的女性企业家讲述她们职业经历的时候,我深刻地感受到工作中对于女性的歧视有多么严重。我们差不多算是她们的下下一代,与她们那时候相比,工作环境已经变好了许多。婆媳关系也是如此,到我母亲那一代为止还大多都是电视剧里会出现的那种恶毒婆婆:"因为我就是这样被婆婆欺负过来的,所以我要更加狠狠地欺负我的儿媳。"但现在的婆婆已经转变了想法:"因为我就是这样被婆婆欺负过来的,所以我不希望我的儿媳也这么受欺负。"也许是人们的文化水平得到了提高,总之在这个时代，女人之间显然更加互帮互助了。

所以，我希望大家也能为了你们的下一代和下下一代，为了你们的女儿和孙女外孙女在怀孕时能够不用辞职而努力斗争，哪怕需要使用一点小伎俩，哪怕只能起到极其微小的作用，也希望你们可以尽一份力。

虽然做女人有许多麻烦之处，但我还是认为做女人更快乐。如果有来世，我希望自己还做一个女人，生孩子、撒点小谎、快乐地工作。就像商店街上卖可乐饼的阿姨，每天笑着炸着可乐饼，总是挑热乎的递给客人。我想成为那样的人。

第四章

提问环节

● 提问

和异性相处的时间对人生来说是必要的吗?

学生：我一点儿也不想结婚。我有自己的理想，有想做的工作，有想取得的证书，并正为此在努力，在我对自己未来人生的想象中，唯独没有结婚这个选项。请问和异性相处的时间对人生来说是必要的吗？

西原：我认为最棒的人生就是可以做自己喜欢的事。如果你对男人没有兴趣，完全可以不用结婚。你已经找到了自己喜欢的事，想做的事，并能为此努力学习考取证书，这是非常棒的事情。请按照你的计划一点一点实现你的梦想吧。

提问

对人生感到绝望的时候应该怎么办?

学生：感谢您今天和我们分享人生建议，请问对人生感到绝望的时候应该怎么办？

西原：我的话一般会喝酒。因为六年不幸的婚姻，我患上了抑郁症和焦虑症，经常会出现失眠和流泪的症状，偶尔还会想要大声喊叫。我对自己的身体比较了解，所以症状快要出现的时候基本都能感觉到。就像大家能感觉到自己快要感冒了一样。

因为已经是大人了，所以发现症状快要来临时我会事先做好准备，尽量避免与其正面交锋。例如，提前结束工作去喝酒、去见喜欢的人、去喜欢的地方，等等。否则我就会不由自主地将怒气转移到孩子身上，或是回想起过去人生中最令人生气的事情排行榜前十名，等到察觉时自己脖子上的青筋已经暴起。

对人生感到绝望想必一定会有原因吧。当你发现这种感觉快要来临的时候可以泡泡脚，做做足底按摩之类的，总之做一些让自己开心的事情。也不能说是奖励自己吧，可以看作给快要崩溃的自己一点小抚慰。

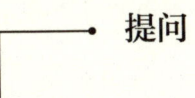

提问

应该离开却又离不开的时候
应该怎么办？

学生： 您刚才一直提到"可以逃避"，请问在一段感情关系中应该离开却又离不开、逃不掉的时候应该怎么办？

西原： 我明白这种感觉。就像是遗弃了一条小狗一样，内心会十分矛盾，怀疑自己是否真的可以这样做。毕竟没中奖的马票扔掉也会觉得可惜的。但我常对离不了婚的人说，可以先试试暂时分居，独自深呼吸之后再好好思考。把喜欢的情绪先放在一边，承认那个没用的自己，然后试着暂时离开。

年轻的时候我会因为错过了电车，以为自己见不到喜欢的人了而痛哭，可现在我已经死皮赖脸到可以平静地面对死亡了。喜欢在某种意义上来说就是年轻时产生的幻觉，将这种情绪放在一边，去别的地方散散心吧。人总是无法轻易做出决定的，所以首先可以试试改变自己的生活环境。

提问

听说学校会接收跨性别者,请问提议为其单独设立卫生间算歧视吗?

学生： 听说学校将开始接收跨性别者，我刚听到这个消息时第一反应是希望学校能为其单独设立卫生间。但后来又担心这会造成歧视，请问这种情况应该怎么办？

西原： 这真是个很难回答的问题。"你这是歧视！""你才是歧视！"网上经常会出现这样的争论。我看到这样的争论就头大，每次都会立马关闭网页，不参与任何讨论。在我看来无论哪一方正确都行，不耽误正事就好。不过女孩子对这种事情应该看得比较开吧，毕竟应该看过不少少女漫画和宝冢歌舞剧。

回到问题本身，我认为首先需要搞清楚为什么会存在接收跨性别者的学校，然后参考之前的先例是如何做的。泰国确实有第三性别专用卫生间，我之前去过泰国某个据说跨性别者很多的男校，很多人跑步的样子让人感觉就是女孩子。如果有这样的第三性别卫生间其实也不错。

● 提问

找工作时应该遵守基于男性评价标准的化妆礼仪吗?

学生： 女生如果不化妆打扮很难在求职过程中取胜，我认为这是基于男性评价标准的社会规则，请问这种规则需要遵守吗？

西原： 实际上男人根本发现不了女人有没有化妆，用没用睫毛膏，他们只能识别出卖酒女的妆容。所以大家只要保持穿着得体就不会被挑毛病的。如果真有人挑毛病，那么就请为了你的后辈们多给这个蠢货找点苦头吃吧。可以在他桌子上撒满垃圾，给他的电脑安上病毒，走持续作战路线。不要从正面杠，那样会吃亏的。还有，你的皮肤这么好，涂点口红就足够了。

提问 — 想对男性说些什么？

学生： 您今天说了许多想和女生分享的人生建议，请问您对男性有什么想说的话吗？

西原： 请多多洗碗。还有，请多多打扫卫生。如果不会的话，就请支付打扫卫生的费用，还有照顾小孩的费用。女人和男人一起生活时最烦的就是打扫卫生时的心理博弈。男人从来不打扫卫生，最后受不了的都是女人。所以永远都是女人在打扫，打扫完成便开始在心里默默积分。

女人的情绪是积分卡制。男人总说女人爱为一点小事生气，其实你认为的一点小事可能在对方心里正好积够了50分，已经可以兑换现金。所以当你的妻子或者女朋友因为一点小事而生气的时候，你要知道其实她们已经在心里积攒了足够多的分数，周一早上之类的时间可能还是三倍积分日。

我见过许多人离婚，当女人决意离婚时大多会提前一年开始准备，考证书、找工作、找房子，当一切都准备妥当之后再给对方寄去一纸离婚协议书。收到离婚协议书的男人则会一头雾水，以为对方只是突然生气。由于女人说的话总是被男人当作噪声，所以等到女人真正要离开时，男人总会一脸无辜地说："她之前从来没有提起过啊。"我希望男士们可以用心倾听自己的妻子，不要成为那种指挥妻子换厕纸的男人，应该自己默默买好换上。

提问

女性如何变得强大?

学生： 听完您的讲座，我认为您是一位非常强大的女人，请问我们应该怎样做才能变得像您一样强大呢？

西原： 大概就是像大妈一样脸皮厚一点吧。在韩国，很多年轻漂亮的女孩子总是突然在某天就变成了东大门市场的大妈，让人很好奇中间到底发生了什么。也许是因为生育？在怀孕、分娩、照顾孩子的过程中，肚子上的脂肪也会渐渐堆积，那圈脂肪就是女人的冠军绶带。

厚脸皮不讨男性喜欢，对女人却很有帮助，它可以让我们完美地"受身"[①]。年轻时如果被人咒骂大概只会偷偷抹眼泪，但是有了冠军绶带之后，我们就能像谷亮子[②]一样漂亮地来一个"受身"了。这是我们需要向中年阿姨学习的地方。

[①] 受身为日本柔道的一种倒地方法。被对方摔时，通过受身可以将身体的冲击力减轻到最低限度。——译者注

[②] 日本女子柔道48公斤级传奇选手。2000年悉尼奥运会和2004年雅典奥运会连续获得两枚金牌。——译者注

提问

除了杀人和吸毒等违法犯罪行为外,还有什么事是不能做的?

学生：您今天谈到有很多事情硬碰硬解决不了问题，请问除了杀人和吸毒等违法犯罪行为之外，还有什么事是不能碰的吗？

西原：几乎没有了。我可以接受出轨，甚至觉得只要能把人洗干净再还回来就行了。既然还能用，不用岂不是很可惜。只用了一小会儿的话洗干净了再还回来就好。可能因为我们家受渔夫文化影响较深，所以对这种事情不太在意。渔夫这一行是非常危险的，可以说是拿命赚钱，所以在挣钱之余做了点别的小事家人也不会太在意。

此外，我觉得撒谎也没关系。当然不是那种类似诈骗或偷盗的恶性谎言，我认为出于善意的谎言是可以接受的，也提倡大家多多撒一些善意的谎。

总之任何事情都需要分状况而言，我们大可活得模棱两可，不要将自己圈在条条框框里，这也不行，那也不行。当然，像《鬼平犯科账》里那样放火偷盗的事情还是不能干的，有一次我儿子差点放火把房子烧了，就被我狠狠暴揍了一顿。

提问

请问如何才能创造一个女性敢于质疑和否定男性的社会?

学生：之前东京医科大学的新闻[①]在网上传得沸沸扬扬，对于女性来说，无形的天花板似乎永远存在。您告诉我们不要与困难正面对峙，从旁边绕过去会更简单。但这只能起到暂时性的效果，并没有从本质上改变社会。请问如何才能改变社会，让男女更加平等，让男性更加重视女性的时间成本，让女性敢于质疑和否定男性呢？

西原：我认为关键还是在于改善劳动环境吧。当今的日本有许多奇怪的现象，男人再苦再累也要工作，而女人却因为生育而不得不辞职。其他国家孕妇也可以工作，也没见这些国家出过什么岔子。

我希望大家不要去那种体制陈腐的公司工作，实在不行可以试着自己创业。我就是因为找不到工作，所以才开了一家公司自己当老板的，那大概是在我三十岁的时候。我身边也有很多朋友创业，并鼓励职员带着孩子来上班。比起去体制陈腐的公司工作然后

---

① 东京医科大学的新闻：东京医科大学曾在入学考试中故意将女性考生的成绩降低，以此控制性别比例。被公开后引起社会轰动。

在网上抱怨，还不如自己创业。我想女性的劳动环境也会随之渐渐改变。

不过，就算发生了那样的事情，仍然会有女生想考东京医科大学吧。医生的世界是典型的纵向社会，上面不点头下面就不敢行动，最苦最累的就是临床医生。小学也是这样，为了完成上级布置的任务，老师们需要在学校待到晚上九十点，所以老师们看上去总是很疲惫。我认为这种现状需要改变，真正干实事的人不能太听话，否则会成为大问题。大家在找工作的时候也要注意，不要去这样的地方。实在不行就自己去创业吧。

● 提问

如何将好男人变成更好的男人?

学生： 您说无论多完美的男人过了使用期限之后都可能成为渣男，但高须院长①看起来却是随着年龄的增长而愈加散发魅力。请问有什么好方法可以将好男人变成更好的男人吗？

西原： 高须克弥表面的魅力不过是因为他做了整形手术，实际上内里已经非常破旧了。他其实是我的书迷，所以我最终还是对自己的书迷下手了，要是明星的话这可就成大新闻了，还好我是个漫画家。总之当初他不情不愿，是我把他拽回我家的。大家也可以尝试这样做，不要害怕，如果发现不行再放手就好了，总会有办法的。

如何将好男人变成更好的男人，我认为最重要的是不依赖对方，始终只与其保持约会关系。我现在才终于明白，人在拼命工作时通常会想吃点零食，而对我来说男朋友就是零食。我不需要老公，我只需要男朋友，结婚就会将对方整个家族都牵扯进来，还是挺

---

① 高须院长：高须诊所的院长，全名高须克弥。2021年与西原的恋情被曝光，引发社会热议。

烦人的。我希望自己能过上自己喜欢的生活,男人在我的生活中仅仅相当于零食,而目前的我已经吃了很多零食。

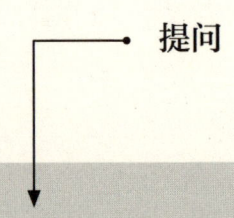

提问

有什么事是女生应该趁着年轻去做的?

学生：您说我们目前的价值大约为两亿日元，我对这句话印象非常深刻。我们目前所拥有的资产具体来说可能是不错的记忆力、敢于挑战的勇气，等等。请问我们应该如何投资自己目前所拥有的这两亿日元呢？趁着年轻我们应该做些什么？

西原：找到自己喜欢的事情，让自己快乐的事情。大家应该趁着现在多多思考自己以后想成为什么样的人，想做什么样的事。人生最痛苦的事莫过于不知道自己想做什么。如果实在没有头绪，可以去试着观察你喜欢的人、你所敬佩的人正在做些什么，然后模仿他们做同样的事。只要找到自己喜欢的事情，自然而然就能明白下一步应该怎么做了。我想这就是大学期间最应该做的事。总之大家要多尝试，多失败，失败才能积累经验。

对我来说，在歌舞伎町超短裙酒吧打工的经历也是一笔宝贵的财富。我在那里见到了形形色色的人，有吹牛说自己是财阀千金的女生，也有伪装成飞行员的客人，嘴里说着在起飞之前特意前来见我一面。

总之店里所有的人都在说谎，现在想起来还是很有趣的。

女性的人生舞台一直在不断转变。从年轻漂亮的女生变成母亲，再成为厚脸皮的中年阿姨，最后变成老太太。每个阶段的人生舞台都有值得挖掘的有趣之处，关键在于我们要有一双善于发现的眼睛。所以请大家在每个阶段都多多尝试，认真挖掘。

学生：找到爱好后，如何将爱好转变为职业呢？

西原：这种转变不是一蹴而就的。假设你想成为电影明星，有可能立马实现这一梦想吗？当然不能。那么怎样才能赚钱呢？拿我自己打比方的话，我是靠画不良书刊起家的。我喜欢画画，我想靠画画挣钱，但我在大学里排名倒数，永远也无法跻身一流。

大家可以试着找找和自己兴趣相关联的工作。如果你喜欢打网球，可以去生产网球用品的公司工作，或者成为网球用品店的店员。如果喜欢芭蕾可以从事芭蕾服装行业，甚至从事伸展运动相关的工作。不要把梦想局限在一个小小的框架里，把视野放广阔一些，这样也许就能找到最适合自己的位置，钱也会跟着来的。这也会成为你热爱的工作，成为坚持一生的职业。

提问

看护老人也需要交给医疗机构吗?

学生：刚才您提到治病应该交给医疗机构，家人在背后默默支持就好。请问当父母需要护理时，比起在家看护也是交给医疗机构来做更好吗？

西原：是的，我建议交给医疗机构来做。我理解本人或许会更愿意待在家里，接受来自亲情的呵护，但这种事情最好先寻求社工的建议。目前关于阿尔兹海默病的研究已经得到了长足的发展，社工会详细地教你在什么阶段应当采取什么样的解决办法。但社工的质量参差不齐，所以去医疗机构获取专业建议也是有必要的。

我周围有朋友尝试在家看护老人，最终都会得出否定的结论。人类无法做到一边工作或做家务一边照顾好父母，这种事情还是需要交给专业人士。哪怕不是24小时全天，仅仅在白天交给专业护工，效果也会完全不一样。请大家不要听信那种只张嘴不出钱的亲戚，去向社工或者有过护工经验的人寻求帮助吧，我就是从有护工经验的人身上学到了很多。这种事情光靠家庭成员内部的努力是无法解决问题的。

提问

发生过什么足以改变您人生观的事吗?

学生： 我从很久以前就开始拜读您的作品，特别喜欢您以海外旅行为题材的漫画。请问在您的工作经历中发生过什么足以改变您人生观的事情，或是十分困难的事情吗？

西原： 最困难的事大概就是和我那酗酒的丈夫一起生活的六年吧，在我看来除此之外都是小事。最开心的事应该是踏遍世界各地，享受各种美食。当然也吃过难吃的东西，比如印度的猪排饭就很难吃。我还吃过各种各样的虫子，总之很开心。

我曾认识一个朋友，特别喜欢抱怨老公和孩子，简直就像在小酒馆里抱怨工作和上司的油腻大叔。请大家要记住一定不能和这样的人交往。我曾经听过这样一句话："日本人不偷钱，却会若无其事地偷走别人的时间。"通过毫无营养的抱怨来偷走别人时间的人通常都没有什么能力。希望大家多走多看，尽量避免被这样的人偷走时间。

提问

您做什么最快乐？

学生： 您说现在是您最幸福的时候，请问您在做什么的时候最快乐呢？

西原： 大约是努力工作了一天后，在傍晚四五点喝香槟，吃烤虾的时刻吧。一直以来我的人生总是会出现各种各样的问题，直到如今才开始不用为金钱和疾病烦恼。所以我很珍惜此刻平静的生活。不用担心会被杀害，不用担心小偷，身体健康，就连女儿的叛逆期也显得可爱。所以我很感恩，也很享受目前的生活。

学生： 我接下来要问的问题可能有点俗气，请问您最近买过最贵的东西是什么？

西原： 最近我的物欲急剧降低。15年前买的昂贵衣服一直放在衣柜里，总也想不起穿，我在家一般只穿运动衫。变成中年阿姨之后我就对物质没有什么欲望了，如果要说买过最贵的东西，恐怕就是房子了，虽然不是最近才买的。我有三处房产，价值上亿，用我奶奶的名义贷了25年的款，虽然我的奶奶没能活到贷款还清的那一天。整件事情十分离谱，我糊里糊涂地申请了，银行也就糊里糊涂地通过了。

　　一个漫画家朋友参观我第二个家时，感叹道："这就是靠老公去世买的房子呀。"这话说得真是很巧妙。我买的第一个房子靠的是用漫画描绘自己的不幸，第二个房子靠的是老公去世，都在消费自己的不幸。我的第三处房产在高知，本来是买给母亲的。但母亲来东京和我一起生活了，所以那栋房子目前在给哥哥一家住。我的母亲离过两次婚，有两处房产。所以我给我的女儿也定下了目标，希望她离三次婚，拥有五套房产。

提问

当父母感情不好时，作为女儿能做些什么？

学生：我很喜欢我的父母，他们都是非常温柔的人。但他们两人之间的感情不是很好，也说不上来谁对谁错。请问我做什么能改善他们之间的关系或是让他们开心一点呢？

西原：你能够健康快乐地生活就是最令他们开心的事了。这是全天下所有父母最大的心愿。此外，你也可以偶尔买点包子带回家。作为我来说，我其实不太介意家庭成员的关系是否融洽，没有法律规定家人就必须得互相理解互相原谅。人类相处都是有磁场的，最好保持让双方都舒适的距离。所以，只要你能健康快乐地生活就足够了。

提问

没有创作灵感,或对自己的创作产生怀疑时应该怎么办?

学生： 我目前在东京艺术大学①研究生院学习绘画，在画画的过程中有时很难找到创作灵感，不知道该画什么，偶尔也会对自己的创作产生怀疑。请问您在遇到这种情况时是怎么处理的呢？

西原： 这种时候我会选择外出散心。无论是人生抉择还是交往的男人，我从未因独立思考而得到过正确答案，总是会选错。所以我养成了不独立思考的习惯，而是选择行万里路。周游世界各地可以发现许多有趣的事情，如果发生了一些小插曲，其还能成为创作的段子。所以你试试看旅行怎么样？

当对自己的作品产生怀疑时，可以暂时停止创作，做一些别的事情来调整心情，例如喝一罐好喝的啤酒、去打工、和陌生人聊天之类的。这种环境的转换十分重要。像我就特别喜欢去看手工艺人工作。

创作遇到困难的时候还可以选择借鉴。我常常若无其事地借鉴，但因为复刻的水平过低，所以大家总

---

① 东京艺术大学：日本艺术类大学中顶尖的学校。因二宫敦人的作品《最后的秘境：东京艺大》而受到广泛关注，被称为"怪物的巢穴"。

是认不出来。我老说自己借鉴了原律子的画，创作时受到很多人的影响，但人们总是疑惑地问我借鉴的哪儿。所以借鉴之后只要自己再改得有趣点儿，就会变成自己的作品。画着画着手会产生肌肉记忆，连续画三次就变成自己的东西了。借鉴他人作品的时候大可以堂堂正正。

学生：大学里的老师会对我们说："这不属于你的画。"

西原：为什么要听老师的话呢？他们的作品又是什么样的？不用太在意他们的话。

提问

在出售作品时您有比较在意的事情吗?

学生：我现在是东京艺术大学的研究生，想了解您在出售作品或是工作时有什么比较在意的事情吗？

西原：我最在意钱。日本人一般不愿意谈钱，关于报酬的事情总是放在最后谈，结果导致只有工作量在永远增加。所以我通常会在最开始就把钱的事情说清楚，找上门来的工作如果没有明码标价，我一般都会拒绝。因为我也需要生活呀，需要买大米和味噌，只有活下去才是最重要的。

我没有什么艺术家的傲骨。对我来说画画就像是印假钞，我从不把它看作艺术创作。从画不良书刊那时起我就知道应该怎样迎合读者的口味。我能画不良书刊，也能画一流杂志，我了解每份杂志的受众群体喜欢的风格。我们需要将自己当成一个商人，尽量照顾客户的需求，没有人会希望你在这种场合拘泥于自己的艺术原则。不过，钱还是要给够的。钱永远是第一位，然后才是艺术。

提问

怎么样做才不会被叛逆期的妹妹当作垃圾?

学生： 我的妹妹即将进入叛逆期，请问我应该怎么样做才不会被叛逆期的妹妹当作垃圾？

西原： 我的儿子也有过同样的苦恼，说是妹妹看向他的目光就像在看一件垃圾。我有一个侄女也是如此，平常在大家眼里是乖巧的小天使，只有在面对自己哥哥的时候会变成小恶魔，露出可怕的表情叫他去死。她最常说的话就是"那人不是我哥，只是碰巧姓氏一样罢了"。据说有一次她带朋友来家里玩，警告哥哥不准从房间里出来，于是哥哥整整12个小时都没有出过房门。这在过去是无法想象的事情，以前的哥哥都可凶了，现在的哥哥们温柔许多。

这大概就是女孩儿的两面性。面对喜欢的人时是天使的面孔，对讨厌的家伙就变成了恶魔。说实话我也不知道应该怎么办。不过，并不是所有孩子都有叛逆期，也不是所有的妹妹都嫌弃哥哥，你不用太过紧张。不好意思，对于你的问题我给不了解决办法。

学生： 请问西原老师的哥哥对您做过最讨厌的事情是什么？

西原：我哥非常沉默寡言，看上去阴沉可怕。但当父亲殴打母亲时，他会勇敢地站出来说："要打的话就打我吧。"父亲上吊自杀后，也是由哥哥出面整理好他的遗体，他总是能干净利落地为我们收拾残局。对我来说他是一个能够依靠的好哥哥，我为他感到骄傲——所以亲人去世时抓紧机会表现的话，有可能会让妹妹改观哦。

提问

如何与家暴的朋友相处？

学生：我有一个家暴的朋友，平常看上去很正常，一到家暴时脑子就会变坏。虽然有点多管闲事，但我无法做到视而不见，请问我有什么可以提供给对方的建议吗？

西原：唯一的办法就是让他的家人抛弃他，全家都搬走那种程度的抛弃。然后让家人去获取治疗家暴的相关知识和经验。他本人大概是不愿意去医院的，所以需要靠家人去医院或是"全国精神障碍者家属联合会"学习相关的知识，获取治疗的建议。"全国精神障碍者家属联合会"的成员以及痊愈者拥有丰富的知识经验，他们知道什么是错误的做法，什么措施最为有效。这些人的建议对我也产生了很大的帮助。

提问

痛苦的时候是什么在支撑着您?

学生： 您刚才谈到您的父亲去世，自己还遭受过丈夫家暴，请问在诸如此类痛苦的时刻是什么在支撑着您？

西原： 我的能量来源于我迫切想要逃离现状的决心。如果不做出改变，还会发生同样的事情，甚至情况会更糟，我的孩子也会被牵连其中。所以我必须要逃走，必须要努力工作，逃出去然后再也不回来。

这并不算是乐观主义。因为回头就能看见那个张牙舞爪的人，所以我必须逃走，必须工作，必须挣钱。抱着这样的信念我才走到了今天，好在我逃离的速度够快。这也让我明白，只有努力工作才能保护好自己最在意的人。

后记

我没想到自己的漫画居然有这么多的读者，内心十分惶恐。虽然都是一些粗俗的故事，但这是我们高知人民的待客之道。高知是在黑潮捕鲸的民族，人们每天从早上就开始喝酒，扯谎吹牛是待客的基本礼仪。

对我来说，通过扯谎吹牛来引人发笑是一件很有成就感的事，我也十分庆幸自己正在从事这样的工作。我每天都努力思考如何说一些更粗俗的话，撒更多的谎，就这样一直走到了今天。我自认为能给人带去快乐是人生的幸事之一，所以今后我也会继续画下去。虽然随着年龄的增长最近稍微有些精力不足，但你们还有着光明的未来，希望你们今后能够健康快乐地生活。

高须老师曾说："如果村子里的女性精力充沛，那么整个村子都会精力充沛。所以调动女性的情绪十分重要。"他的这种想法和他的家庭经历有很大关系。高须老师生活在一个母系家族里，从祖母到曾祖母，祖祖辈辈都是医生。所以他总说女性的心情十分重要。总之请大家忘掉那些不值一提的小烦恼吧，它们都会渐渐被脂肪吸收掉的。脸皮也可以变厚一些，不用在意自己的体重。让我们笑着长胖吧，没有腰的世界非常快乐！

图书在版编目（CIP）数据

最后的讲义·西原理惠子：女孩一生中最需要知道的事 /（日）西原理惠子著；郭佳琪译. -- 福州：海峡书局，2022.4

ISBN 978-7-5567-0943-4

Ⅰ.①最… Ⅱ.①西… ②郭… Ⅲ.①人生哲学—通俗读物 Ⅳ.①B821-49

中国版本图书馆CIP数据核字(2022)第042504号

最後の講義　完全版　西原理惠子
ⓒRieko Saibara, NHK, TV MAN UNION, INC. 2020
Originally published in Japan by Shufunotomo Co., Ltd
Translation rights arranged with Shufunotomo Co., Ltd.
Through TUTTLE-MORI AGENCY, INC.
Simplified Chinese edition copyright ⓒ 2022 by United Sky (Beijing) New Media Co., Ltd.
All rights reserved.

图字：13-2022-018号

出 版 人：林彬
责任编辑：廖飞琴　龙文涛
封面设计：孙晓彤

最后的讲义·西原理惠子：女孩一生中最需要知道的事
ZUIHOU DE JIANGYI · XIYUANLIHUIZI : NÜHAI YISHENG ZHONG ZUI XUYAO ZHIDAO DE SHI

作　　者：	（日）西原理惠子
出版发行：	海峡书局
地　　址：	福州市白马中路15号海峡出版发行集团2楼
邮　　编：	350001
印　　刷：	三河市冀华印务有限公司
开　　本：	889mm×1194mm，1/32
印　　张：	4
字　　数：	50千字
版　　次：	2022年4月第1版
印　　次：	2022年4月第1次
书　　号：	ISBN 978-7-5567-0943-4
定　　价：	42.00元

关注未读好书

未读CLUB
会员服务平台

本书若有质量问题，请与本公司图书销售中心联系调换
电话：(010) 52435752

未经许可，不得以任何方式
复制或抄袭本书部分或全部内容
版权所有，侵权必究